· 中国珍稀濒危海洋生物 ·

总主编 张士璀

中国珍稀濒危海洋生物

ZHONGGUO
ZHENXI BINWEI
HAIYANG SHENGWU

刺胞动物卷

CIBAO DONGWU JUAN

张士璀 主编

中国海洋大学出版社
·青岛·

图书在版编目（ＣＩＰ）数据

中国珍稀濒危海洋生物. 刺胞动物卷 / 张士璀总主
编 ; 张士璀主编. — 青岛 : 中国海洋大学出版社,
2023.12
ISBN 978-7-5670-3739-7

Ⅰ.①中… Ⅱ.①张… Ⅲ.①濒危种—海洋生物—介
绍—中国②腔肠动物—介绍—中国 Ⅳ.①Q178.53
②Q959.13

中国国家版本馆CIP数据核字(2023)第238039号

出 版 人	刘文菁			
出版发行	中国海洋大学出版社			
社 址	青岛市香港东路23号	邮箱编码	266071	
网 址	http://pub.ouc.edu.cn	订购电话	0532-82032573（传真）	
项目统筹	董 超	电 话	0532-85902342	
责任编辑	邹伟真	电子邮箱	465407097@qq.com	
文稿编撰	陈雨婷	图片统筹	邹伟真	
照 排	青岛光合时代文化传媒有限公司			
印 制	青岛名扬数码印刷有限责任公司	成品尺寸	185 mm × 225 mm	
版 次	2023年12月第1版	印 张	8.25	
印 次	2023年12月第1次印刷	印 数	1~5000	
字 数	116千	定 价	39.80元	

如发现印装质量问题，请致电13792806519，由印刷厂负责调换。

中国珍稀濒危海洋生物

总主编　张士璀

编委会

主　任　宋微波　中国科学院院士

副主任　刘文菁　中国海洋大学出版社社长
　　　　张士璀　中国海洋大学教授

委　员（以姓氏笔画为序）
　　　　刘志鸿　纪丽真　李　军　李　荔　李学伦
　　　　李建筑　徐永成　董　超　魏建功

执行策划

纪丽真　董　超　姜佳君　邹伟真　丁玉霞　赵孟欣

倾听海洋之声

潮起潮落，浪奔浪流，海洋——这片占地球逾 2/3 表面积的浩瀚水体，跨越时空、穿越古今，孕育和见证了生命的兴起与演化、展示着生命的多姿与变幻的无垠。

千百年来，随着文明的发展，人类也一直在努力探索着辽阔无垠的海洋，也因此而认识了那些珍稀濒危的海洋生物，那些面临着包括气候巨变、环境污染、生境恶化、食物短缺等前所未有的生存压力、处于濒临灭绝境地的物种。在中国分布的这些生物被记述在我国发布的《国家重点保护野生动物名录》和《国家重点保护野生植物名录》之中。

丛书"中国珍稀濒危海洋生物"旨在记录上述名录中的国家级保护生物，为读者展现这些生物的"今生今世"。丛书包括《刺胞动物卷》《鱼类与爬行动物卷》《鸟类卷》《哺乳动物卷》《植物与其他动物卷》等五卷，通过描述这些珍稀濒危海洋生物的形态、习性、繁衍、分布、生存压力等并配以精美的图片，展示它们令人担忧的濒危状态以及人类对其生存造成的冲击与影响。

在图文间，读者同时可以感受到它们绚丽多彩的生命故事：

在《刺胞动物卷》，我们有幸见识长着蓝色骨骼、有海洋"蓝宝石"之誉的苍珊瑚；了解具有年轮般截面的角珊瑚以及它们与虫黄藻共生的亲密关系……

在《鱼类与爬行动物卷》，我们有机会探知我国特有的"水中活化石"中华鲟；认识终生只为一次繁衍的七鳃鳗；赞叹能模拟海藻形态的拟态高手海马，以及色彩艳丽、长着丰唇和隆额的波纹唇鱼……

在《鸟类卷》，我们得以惊艳行踪神秘、60 年才一现的"神话之鸟"，中华凤头燕鸥；欣赏双双踏水而行、盛装表演"双人芭蕾"的角䴙䴘……

在《哺乳动物卷》，我们可以领略海兽的风采：那些头顶海草浮出海面呼吸、犹如海面出浴的"美人鱼"儒艮；有着沉吟颤音歌喉的"大胡子歌唱家"髯海豹……

在《植物与其他动物卷》，我们能细察有"鳄鱼虫"之称、在生物演化史中地位特殊的文昌鱼；惊叹那些状如锅盔、有"海底鸳鸯"之誉的中国鲎；观赏体形硕大却屈尊与微小的虫黄藻共生的大砗磲。

"唯有了解，我们才会关心；唯有关心，我们才会行动；唯有行动，生命才会有希望"。

丛书"中国珍稀濒危海洋生物"讲述和描绘了人类为了拯救珍稀濒危生物所做出的努力、探索与成就，同时将带领读者走进珍稀濒危海洋生物的世界，了解这些海中的精灵，感叹生物进化的美妙，牵挂它们的命运，关注它们的未来。

更希望这套科普丛书能充当海洋生物与人类之间的传声筒和对话的桥梁，让读者在阅读中形成更多的共识和共谋：揽匹夫之责、捐绵薄之力，为后人、为未来，共同创造一个更美好的明天。

宋微波　中国科学院院士

2023 年 12 月

濒危等级和保护等级的划分

濒危等级

评价物种灭绝风险、划分物种濒危等级对于保护珍稀濒危生物有着非常重要的作用。根据世界自然保护联盟（IUCN）最新的濒危物种红色名录，包括以下九个等级。

灭绝（EX）

如果具有确凿证据证明一个生物分类单元的最后一个个体已经死亡，即认为该分类单元已经灭绝。

野生灭绝（EW）

如果已知一个生物分类单元只生活在栽培、圈养条件下或者只作为自然化种群（或种群）生活在远离其过去的栖息地的地方，即认为该分类单元属于野外灭绝。

极危（CR）

当一个生物分类单元的野生种群面临即将灭绝的概率非常高，该分类单元即列为极危。

濒危（EN）

当一个生物分类单元未达到极危标准，但是其野生种群在不久的将来面临灭绝的概率很高，该分类单元即列为濒危。

易危（VU）

当一个生物分类单元未达到极危或濒危标准，但在一段时间后，其野生种群面临灭绝的概率较高，该分类单元即列为易危。

近危（NT）

当一个生物分类单元未达到极危、濒危或易危标准，但在一段时间后，接近符合或可能符合受威胁等级，该分类单元即列为近危。

无危（LC）

当一个生物分类单元被评估未达到极危、濒危、易危或者接近受危标准，该分类单元即列为需给予关注的种类，即无危种类。

数据缺乏（DD）

当没有足够的资料直接或间接地确定一个生物分类单元的分布、种群状况来评估其所面临的灭绝危险的程度时，即认为该分类单元属于数据缺乏。

未予评估（NE）

如果一个生物分类单元未经应用本标准进行评估，则可将该分类单元列为未予评估。

保护等级

我国国家重点保护野生动植物保护等级的划分，主要根据物种的科学价值、濒危程度、稀有程度、珍贵程度以及是否为我国所特有等多项因素。

国家重点保护野生动物分为一级保护野生动物和二级保护野生动物。

国家重点保护野生植物分为一级保护野生植物和二级保护野生植物。

前言

　　刺胞动物的独立演化已经历了至少6亿年，与体形多为不对称的多孔动物不同的是，它的体形开始有了固定的对称形式。辐射对称、两胚层、有组织分化的刺胞动物对于整个地球动物演化过程来说，具有十分重要的意义，因为此后其他后生动物都是基于此阶段演化而来的。刺胞动物是最原始的多细胞动物类群之一，一般分为三纲：（1）水螅虫纲，除生活在淡水中的少数种类外，其余种类均产于海水中；（2）钵水母纲，均生活在海水中，大型单体水母多属于此纲；（3）珊瑚虫纲，全为海产，我们熟知的珊瑚和海葵就属于这一纲。

　　本书一共向大家介绍了珊瑚虫纲4目22科，水螅虫纲2目2科，它们都是珊瑚礁生态系统中的重要成员。在这里，我们可以通过精美的图片看到它们的真实样貌。如骨骼坚硬的"海铁树"角珊瑚，外形如同乐器笙一样的"音乐珊瑚"笙珊瑚，颜色神秘独特的苍珊瑚。珊瑚的颜色五彩斑斓，形体千姿百态，构建了美丽的海底花园。这座结构复杂的海底花园，吸引了众多的海洋生物来此定居。尽管珊瑚礁的覆盖率在全球海洋环境中的占比不足0.25%，但研究表明，在珊瑚礁中发现的生物种类约占海洋生物种类总量的30%。珊瑚礁蕴含如此丰富的资源，对于人类来说，它的重要性不可小觑。

　　相关调查显示，近20年，中国海域的活造礁石珊瑚覆盖率呈显著下降趋势。

中国珊瑚礁和造礁石珊瑚群落的评价结果显示，大部分海域基本处于"一般"或者"差"的状态，这些区域的珊瑚群落已经发生改变，珊瑚礁生态系统功能受损或丧失，外界环境给生态系统带来的压力已经远远超过了其所能承受的范围，珊瑚礁面临严重的珊瑚礁退化风险。

现如今，全球正面临严峻的气候变化问题，全球变暖导致冰川消融、森林锐减、土地荒漠化等现象，与此同时也给珊瑚礁生态系统带来了巨大的影响。由于生境构建主要依赖于造礁石珊瑚，而珊瑚的健康生长对环境的要求极为苛刻，因此珊瑚礁生态系统更容易受到外界环境的影响。自然压力和人为压力的共同作用导致珊瑚大面积白化，其中，人类不加节制地开采也是珊瑚濒临灭绝的重要原因之一。

这些美丽生物看似生活在遥远的海洋，其实它们与我们的生活息息相关。本卷图片通过野外潜水拍摄和骨骼标本拍摄获得。野外水下作业环境的恶劣和多变，导致拍摄工作的开展极为困难，在此十分感谢海南大学珊瑚礁生态修复团队老师和同学在本书图片上的辛苦付出，让更多的海洋爱好者看到珊瑚的多姿多彩。

目录

刺胞动物门

刺胞动物在动物进化史上占有十分重要的地位，是真正后生动物的开始，它的特点是辐射对称、具两胚层、有组织分化、有原始消化腔及原始神经系统。在刺胞动物门中，我们大家熟悉的有海葵、珊瑚、水母等。绝大多数刺胞动物生活在海水中，只有少数生活在淡水中。下面简单介绍刺胞动物门的主要特征。

刺胞动物门的主要特征

形态特征

在整个进化历程中，从刺胞动物开始，体形有了固定的对称形式。辐射对称指沿任何包含中央轴的平面都可以把身体分为相等的两个部分。辐射对称只有上下之分，没有左右之分。这种对称形式的生物只适应于在水中营固着或漂浮生活。刺胞动物依靠辐射对称的器官去获得食物或者感受环境变化。随着时间的推移，有一些种类发展为两辐射对称。两辐射对称是指只有两个通过中央轴的切面可以把身体分为相等的两部分，如红珊瑚。

两胚层、原始消化腔

和多孔动物相比，刺胞动物才是具有真正两胚层的动物。在内、外两胚层之间有中胶层。从刺胞动物开始有了消化腔。消化腔又称为消化循环腔，和多孔动物的中央腔相比，进化出消化和循环功能。营养物质被消化后可以输送到身体的各个部位。有口无肛门，因此，消化后的残渣也由口排泄。刺胞动物不仅有细胞分化，还会分化出简单的组织。

原始神经系统——神经网

神经网由二级和多级的神经细胞组成，相互连接形成网状结构。刺胞动物没有神经中枢，信号传导是无定向的。因此，刺胞动物的神经系统也称为扩散神经系统。和人类的神经传导速度相比，神经网慢了很多，因此是较为原始、简单的神经系统。

刺胞动物门珊瑚虫纲的主要分类

刺胞动物有一万多种，绝大多数生活在海水里，分为三个纲：水螅虫纲、钵水母纲和珊瑚虫纲。水螅虫纲物种有水螅型和水母型，存在世代交替现象。钵水母纲物种水母型发达而水螅型退化。珊瑚虫纲是刺胞动物门中最大的纲，一般来说珊瑚虫纲可以分为以下四个目类。

角珊瑚目

角珊瑚目属于刺胞动物门六放珊瑚亚纲，这一目的珊瑚形态变幻万千，有的呈树枝状、有的呈扇形、有的则没有分支。特别之处是它的横截面，就像树的年轮。角珊瑚的骨骼十分坚硬，耐腐蚀。它的生长速度极为缓慢。这一类珊瑚通常生长在岩石等坚硬的基质上，为众多的底栖生物提供了理想的栖息场所。当栖息地受到干扰时，它骨骼中的微量元素就会发生变化，因此有不少研究将它作为长时间环境监测的一类指示生物。例如，角珊瑚具有很强的富集铁的能力，当海水中的铁浓度发生细微变化时，角珊瑚也能敏锐地察觉出。相关研究表明这可以应用于记录当地铁矿的开发历史。

石珊瑚目

造礁石珊瑚属于刺胞动物门珊瑚虫纲六放珊瑚亚纲石珊瑚目，是珊瑚礁生态系统的基础框架，对整个珊瑚礁生态系统来说是十分重要的存在。我们往往把珊瑚和珊瑚礁混为一谈，其实这两者是完全不同的概念，珊瑚礁指以石珊瑚的碳酸钙骨骼为主体，与造礁生物和软体动物的外壳或骨骼等粘连堆积形成的一种特殊的结构。一般情况下，共生虫黄藻的光合作用提供的能量可以完全满足珊瑚宿主的需求，同时还可以促进珊瑚的钙化作用，通过钙化作用形成的碳酸钙骨骼形态各式各样，由此构建起珊瑚礁生态系统复杂且多样的三维空间结构，为许多海洋生物提供了产卵、繁殖、栖息的理想场所。我国拥有的珊瑚礁资源是十分丰富的，从曾母暗沙（约北纬 4°），南海北部的涠洲岛（约北纬 21°）到台湾南岸恒春半岛（约北纬 24°）均有分布，且集中分布在海南岛和台湾岛的沿海及南海诸岛海域。造礁石珊瑚对栖息环境的要求是十分严格的，最适水温为 25℃ ~ 30℃，海水盐度范围为 34 ~ 36。此外，对水质的要求也很高。现如今，全球气候变暖、海水升温已经造成珊瑚大面积的死亡，珊瑚礁面临着巨大的威胁。

石珊瑚可以是单体也可以是群体，其中群体是大多数种类选择的生活方式。珊瑚虫又称水螅体，是石珊瑚的基本组成单位。而这些水螅体栖息在一个叫珊瑚杯的结构中，珊瑚杯是一个杯状的硬质石灰质骨骼，在多数的珊瑚中，珊瑚杯的直径较小，通常在 1 ~ 10 毫米。石珊瑚的分类离不开珊瑚杯，珊瑚杯的形态和排列方式都是分类依据，除此之外，隔片的形态、轮数也是分类的重要依据。隔片垂直于珊瑚杯内部，呈竖板状；轴柱位于珊瑚杯的中心部位；杯壁是珊瑚杯最外围的结构；珊瑚肋是隔片越过杯壁并向外延伸所形成的结构。决定珊瑚群体形态的因素包括水螅体大小、环境、出芽方式等，常见的石珊瑚形态有团块状、叶状、皮壳状、分枝状等。栖息地的环境条件对珊瑚的生长形态会产生巨大的影响，尤其是光照和水流的强度，生存于不同栖息地且形态差异巨大的珊瑚也可能是同一种珊瑚。石珊瑚不同的生长型也是为了适应不同的环境，如生长在水流平静的栖息地的分枝状珊瑚大多脆弱，生长在水流强劲的礁顶的分枝状珊瑚则更加短而粗壮。

要想知道中国造礁石珊瑚的具体物种数量，需要解决两大难题：同物异名现象多和物种汇总难。分类系统经历了几次变化和外加新融入了分子生物学等技术的应用导致同物异名现象的产生。造礁石珊瑚的调查与陆地动植物不同，其调查需要潜水，由于大面积调查的诸多不便，相关文献也较少。此外，中文命名也不统一，一些发现的新物种，都没有中文名。这两个原因使得物种汇总困难。

造礁石珊瑚对整个海洋生态系统的重要性毋庸置疑。但现如今，造礁石珊瑚面临巨大威胁，人类活动和气候变化使得珊瑚礁生态系统脆弱不堪。因此，保护珊瑚将是一场艰巨且持久的行动，需要集结各方力量，只有加强对造礁石珊瑚现状与未来的科学研究，加大对造礁石珊瑚贸易的监管力度，唤醒公众保护珊瑚的意识，才能取得这场行动的胜利。

苍珊瑚目

苍珊瑚目唯一的一种珊瑚，即苍珊瑚，也称为蓝珊瑚，是八放珊瑚亚纲中唯一会长出大型骨骼的珊瑚。它的特点是生长速度缓慢，生活范围广泛。它在热带、亚热带，甚至寒带可以生存；在浅海、深海也可以生存；在不同的基质类型，如沙质、岩石质均可生存。苍珊瑚在印度洋及太平洋的浅水珊瑚礁区最为常见。与其他珊瑚相比，它的外表算不上出众，但它的骨骼十分特别，是漂亮的蓝色，是名副其实的海中"蓝宝石"。

软珊瑚目

软珊瑚目属于刺胞动物门珊瑚虫纲八放珊瑚亚纲，已知的软珊瑚有千余种，大部分都生活在热带和亚热带浅海区，少数种类分布在温带、寒带海区。大多数软珊瑚的珊瑚体柔软且有弹性，颜色艳丽，有肥厚的组织结构，而没有质地坚硬的骨骼，渔民称其为"海猪肉"，有些软珊瑚还是参与珊瑚礁建造的重要种类。其实软珊瑚和石珊瑚的差异很大，只在表面上有一些相似之处，如软珊瑚的触手和珊瑚虫看起来与石珊瑚的相似，但没有坚硬的珊瑚骨骼。软珊瑚可以进行光合作用，也可以不进行，尽管大多数软珊瑚与虫黄藻共生，虫黄藻可以满足它们的能量需求，但还是会伸出触手去捕捉食物。

国家保护措施

为了守护珊瑚礁，国家也做出了努力，在 2021 年 2 月 5 日，国家林业和草原局、农业农村部联合发布了新的国家重点保护野生动物名录，其中苍珊瑚目苍珊瑚科所有种已正式成为二级重点保护动物，角珊瑚目、石珊瑚目的所有种是国家二级重点保护动物，红珊瑚科的所有种是国家一级重点保护动物。此外，相关部门还出台相关法规制度，加大保护力度。目前，涉及珊瑚礁生态保护的法律法规有《中华人民共和国海洋环境保护法》《中华人民共和国渔业法》《中华人民共和国野生动物保护法》《中华人民共和国自然保护区条例》《中华人民共和国水生野生动物保护实施条例》《海南省珊瑚礁和砗磲保护规定》等。

珊瑚虫纲

　　本书将带领我们从分类地位、形态特征、生存现状、国家重点保护野生动物等级等方面来认识珊瑚虫纲动物。

　　珊瑚大小不一且形状多样，在本书中，我们可以看到枝状的鹿角珊瑚、块状的蜂巢珊瑚、叶片状的蔷薇珊瑚等。枝状珊瑚的特点是抗浪性能较差，珊瑚骨骼脆弱，极易受外力的作用而折断，但由于本身结构交错复杂，可以为藏匿在其中的海洋生物提供保护；块状珊瑚的特点是抗浪性能好且生长周期长，骨骼可以相对完整地保留下来；叶片状珊瑚的特点是抗浪性能较差，多生长于水况平静的环境。这些形态各异、色泽艳丽的珊瑚共同构建了美丽的珊瑚礁海底花园，为其他的海洋生物提供了栖息地。

角珊瑚目

角珊瑚科

Antipathidae

分类地位

刺胞动物门珊瑚虫纲角珊瑚目

形态特征

群体有黑色的中轴骨骼，分枝密集、不规则，其横截面与树木年轮的同心圆结构相似，因此被称为"海树"或"海松"。纵表面呈独特的小丘疹状。珊瑚虫呈黄绿色或乳白色，密布在分枝上。

生存现状

角珊瑚分布于西太平洋的暖水域与台湾岛海域。它们通常生长在较阴暗隐蔽的礁石或崖壁底部，在水深20米以浅较为常见，高者为 5 ~ 6 米，适合水温为22℃ ~ 26℃。角珊瑚目的所有种被列入《濒危野生动植物种国际贸易公约》，角珊瑚及其制品都属于禁止进行或者管制进行国际贸易的物品。在我国，进口角珊瑚必须取得国家濒危物种管理机构核发的允许进口证明书。

黑角珊瑚
Antipathes sp

海之眼

　　离开水一段时间后的角珊瑚，骨骼会变得十分坚硬，呈黑铁色，因此人们称它为"海铁树"。它还有另一个有趣的外号"小气象台"。每当要下雨时，角珊瑚表面会变得毫无光彩，同时还会分泌出一些黏液。抛光后的角珊瑚会呈现出漂亮的蜡状光泽，因此得到人们的青睐。因其奇特造型、雅观色泽、坚硬耐腐和质地细腻，曾经可加工制作成精美玲珑的烟斗、手镯等工艺品。角珊瑚的生长速度十分缓慢，因此也被称为"长不大的千金"。

石珊瑚目

鹿角珊瑚科

Acroporidae

分类地位

刺胞动物门珊瑚虫纲石珊瑚目

形态特征

鹿角珊瑚科的珊瑚为群体型珊瑚，珊瑚种类最多，是珊瑚礁生态系统中最重要的类群。本科珊瑚体形较小，形态多样，轴柱发育不良或无轴柱。蔷薇珊瑚属的珊瑚形态以叶状或皮壳状为主，鹿角珊瑚属的珊瑚形态以枝状、板状为主，星孔珊瑚属的珊瑚形态以团块状或皮壳状为主。

生存现状

本科珊瑚是重要的造礁种类，主要有蔷薇珊瑚属、鹿角珊瑚属、假鹿角珊瑚属和星孔珊瑚属等。鹿角珊瑚分布于红海、波斯湾、印度洋、日本海、太平洋中部、中国东海和南海。它们喜爱在水流湍急的地方生存，水深一般在 0.5 ~ 20 米。它们与虫黄藻共生，在夜间，珊瑚虫会捕食浮游生物。因为本科的种类多且生长型多变，因此本科物种的鉴定是十分困难的。鹿角珊瑚在生存环境压力大时特别容易发生白化，炸鱼以及旅游业等对鹿角珊瑚的生存均造成了严重的影响。

海之眼

石灰质的骨骼是构成珊瑚礁的主要成分。鹿角珊瑚因外形酷似鹿角，还常被用于制作精美的工艺品。由于其骨骼形态呈复杂的分枝状，许多小鱼喜欢居住在鹿角珊瑚的附近，如果受到威胁，就会第一时间躲避到鹿角珊瑚丛中，免受捕食者的伤害。在珊瑚礁生态系统中，鹿角珊瑚是关键的造礁类群。

二级
国家重点保护野生动物等级

NT
IUCN 濒危等级

风信子鹿角珊瑚
Acropora hyacinthus

　　风信子鹿角珊瑚属群体型珊瑚。珊瑚骨骼为伞房花序状，群体呈圆盘状或者桌状，群体直径可以达到 3 米。分枝排列拥挤，短小且粗壮。生活时颜色为棕黄色、咖啡色，还有一些呈现咖啡色夹杂绿色。风信子鹿角珊瑚分布广泛，在马尔代夫、印度尼西亚、菲律宾、日本以及我国的海南岛和西沙群岛沿海均能看到。其常见于礁坪、礁坡和礁缘。风信子鹿角珊瑚被《世界自然保护联盟濒危物种红色名录》评估为近危（NT）。其主要分布在 52 米以浅的海域。

壮实鹿角珊瑚
Acropora robusta

　　壮实鹿角珊瑚属群体型珊瑚。珊瑚骨骼基部呈皮壳状，基部上生有锥形的骨骼分枝。分枝十分粗壮，顶端钝。分枝的大小、长短、粗细都不一样。生活时颜色呈浅黄色或者浅褐色，基部为绿色。它们在澳大利亚、所罗门群岛、我国的海南岛和南沙群岛沿海均有分布。其常见于浅水区。壮实鹿角珊瑚被《世界自然保护联盟濒危物种红色名录》评估为无危（LC）。其主要分布在水深3～15米的海域。

多星孔珊瑚
Astreopora myriophthalma

　　多星孔珊瑚属群体型珊瑚。珊瑚骨骼呈团块状、半球形或者扁平状。珊瑚杯突出，大小不一但分布均匀；横截面多为圆形，少数为椭圆形。生活时颜色多样。它们在我国的台湾、海南岛、西沙群岛和南沙群岛沿海均有分布。被《世界自然保护联盟濒危物种红色名录》评估为无危（LC）。其主要分布在水深 3 ~ 20 米的海域。

二级

国家重点保护野生动物等级

LC

IUCN 濒危等级

截顶蔷薇珊瑚
Montipora truncata

　　截顶蔷薇珊瑚在 1975 年被我国珊瑚分类学家邹仁林先生首次发现并命名。

　　截顶蔷薇珊瑚属群体型珊瑚。珊瑚骨骼基部呈皮壳状，基部上生有竖直的扁平分枝，分枝末端分裂开。这些分枝形状大小都不相同。珊瑚杯较小，直径约为0.5 毫米。生活时颜色呈紫褐色或者深褐色，分枝顶端为白色或者黄色。它们分布于印度－太平洋海区，常见于各种珊瑚礁生境。被《世界自然保护联盟濒危物种红色名录》评估为易危（VU）。

二级
国家重点保护野生动物等级

VU
IUCN 濒危等级

叶状蔷薇珊瑚
Montipora foliosa

　　叶状蔷薇珊瑚属群体型珊瑚。珊瑚基部呈皮壳状，基部上生有宽而薄的叶片状骨骼。骨骼边缘朝上、朝内生长，层层搭叠，和花朵的花瓣螺旋卷曲十分相似。群体直径可长达数米。生活时颜色为褐色或者紫褐色等，骨骼边缘的颜色浅。它们在红海、亚丁湾、马尔代夫沿海、马纳尔湾沿海、印度尼西亚沿海、菲律宾沿海、日本的冲绳岛沿海、小笠原群岛沿海以及我国的台湾、海南岛、东沙群岛、西沙群岛、南沙群岛沿海均有分布。它们常见于各种珊瑚礁生境。叶状蔷薇珊瑚被《世界自然保护联盟濒危物种红色名录》评估为近危（NT）。它们主要分布在 20 米以浅的海域。

二级

国家重点保护野生动物等级

NT

IUCN 濒危等级

二级
国家重点保护野生动物等级

NT
IUCN 濒危等级

花鹿角珊瑚
Acropora florida

花鹿角珊瑚属群体型珊瑚。珊瑚骨骼呈分枝状，长而粗的主枝分布有短而粗的小枝，花鹿角珊瑚颜色为绿色、棕色等。它们在新加坡沿海，印度尼西亚、菲律宾、普吉岛沿海以及我国的海南岛、西沙群岛和南沙群岛沿海均有分布。它们常见于浅水区，分布于印度－太平洋海区。花鹿角珊瑚被《世界自然保护联盟濒危物种红色名录》评估为近危（NT）。它们主要分布在水深 3 ~ 35 米的海域。

二级
国家重点保护野生动物等级

LC
IUCN 濒危等级

丘突鹿角珊瑚
Acropora abrotanoides

　　丘突鹿角珊瑚属群体型珊瑚。珊瑚骨骼呈分枝状。分枝通常水平生长，粗而壮，形态不一且直径也不同，很不规则。生活时颜色为深褐色或灰绿色。它们在新加坡、澳大利亚以及我国的西沙群岛和南沙群岛沿海均有分布。它们常见于浅水区，喜爱风浪强劲的海域。分布于印度－太平洋海区。被《世界自然保护联盟濒危物种红色名录》评估为无危（LC）。

二级
国家重点保护野生动物等级

LC
IUCN 濒危等级

芽枝鹿角珊瑚
Acropora gemmifera

　　芽枝鹿角珊瑚属群体型珊瑚。珊瑚骨骼呈伞房状，分枝明显。珊瑚杯有两种类型。大珊瑚杯呈短管状。珊瑚肋排列不规则。生活时颜色多变，有棕色、黄绿色等。它们喜爱风浪强劲的海域海区，广泛分布于印度－太平洋海区，被《世界自然保护联盟濒危物种红色名录》评估为无危（LC）。

菌 珊 瑚 科
Agariciidae

分类地位

刺胞动物门珊瑚虫纲石珊瑚目

形态特征

菌珊瑚科为群体型珊瑚，仅少数化石种为单体，属于造礁石珊瑚。珊瑚形态为团块状、板状或叶片状。隔片薄而均匀，极少融合，但相邻珊瑚杯的隔片大多相连，其边缘光滑或有细锯齿。菌珊瑚科在石珊瑚中属于形态独特、容易辨认的类群之一。

生存现状

菌珊瑚科主要由牡丹珊瑚属、厚丝珊瑚属、薄层珊瑚属、西沙珊瑚属、加德纹珊瑚属和菌珊瑚属组成。它们分布于印度－太平洋海区，生活于各种珊瑚礁生境，如礁坡和潟湖。

加德纹珊瑚
Gardineroseris planulata

　　加德纹珊瑚属群体型珊瑚。珊瑚骨骼形态多样，多呈团块状或不规则状，表面多不光滑。珊瑚杯横截面呈多边形，珊瑚杯壁十分清晰，隔片数目多且排列紧密。生活时颜色为棕色、黄绿色。常见于浅水区礁坪或者礁缘。它们分布于印度－太平洋海区，主要分布在 40 米以浅的海域，被《世界自然保护联盟濒危物种红色名录》评估为无危（LC）。

二级

国家重点保护野生动物等级

LC

IUCN 濒危等级

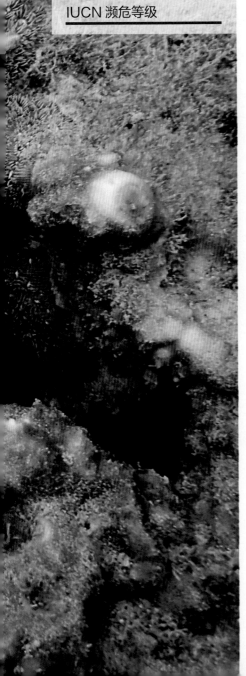

二级

国家重点保护野生动物等级

VU

IUCN 濒危等级

十字牡丹珊瑚

Pavona decussata

　　十字牡丹珊瑚属群体型珊瑚，珊瑚骨骼呈叶片状，十分坚硬。生活时颜色多变。它们广泛分布于印度 - 太平洋海区，主要分布在 40 米以浅的海域，被《世界自然保护联盟濒危物种红色名录》评估为易危（VU）。

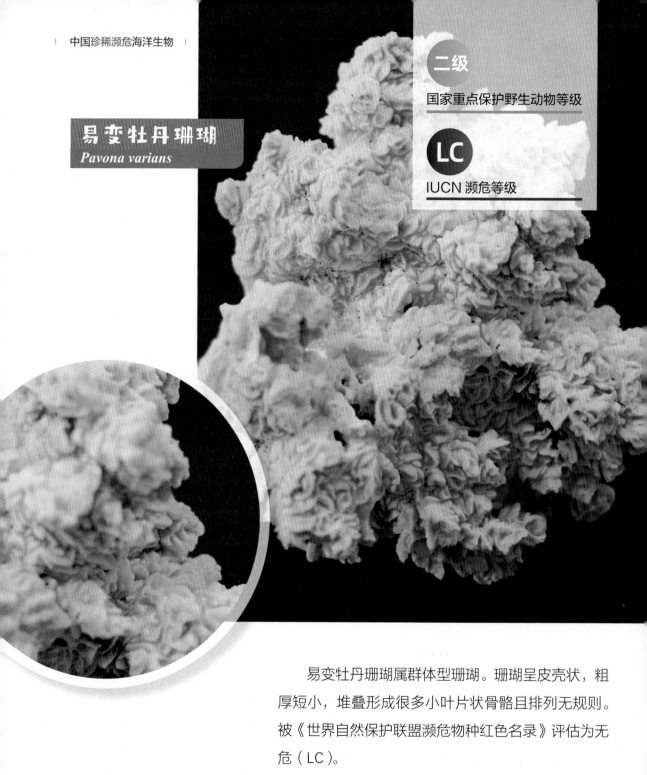

易变牡丹珊瑚
Pavona varians

二级
国家重点保护野生动物等级

LC
IUCN 濒危等级

易变牡丹珊瑚属群体型珊瑚。珊瑚呈皮壳状，粗厚短小，堆叠形成很多小叶片状骨骼且排列无规则。被《世界自然保护联盟濒危物种红色名录》评估为无危（LC）。

星群珊瑚科
Astrocoeniidae

分类地位

刺胞动物门珊瑚虫纲石珊瑚目

形态特征

星群珊瑚科为群体型珊瑚。珊瑚骨骼为块状、柱状或皮壳状。属与属的骨骼差异很大，但它们也有共同之处：隔片坚硬，排列整齐，轴柱呈杆状。白天，珊瑚虫一般收缩不伸展。骨骼上长满尖头柱状刺。

生存现状

星群珊瑚科有柱群珊瑚属，该属有甲胄柱群珊瑚和罩柱群珊瑚。这两种珊瑚广泛分布于印度－太平洋海区，其中，甲胄柱群珊瑚多生于浅水珊瑚礁区，罩柱群珊瑚多生于隐蔽的珊瑚生境。

二级
国家重点保护野生动物等级

IUCN 濒危等级

甲胄柱群珊瑚
Stylocoeniella armata

　　甲胄柱群珊瑚属群体型珊瑚。珊瑚骨骼呈皮壳状或者团块状。珊瑚杯的间隔较大。生活时颜色多为绿色或棕色等，生活于浅水区。甲胄柱群珊瑚广泛分布于印度–太平洋海区。被《世界自然保护联盟濒危物种红色名录》评估为无危（LC）。

二级
国家重点保护野生动物等级

IUCN 濒危等级

罩柱群珊瑚
Stylocoeniella guentheri

　　罩柱群珊瑚属群体型珊瑚。珊瑚骨骼呈皮壳状或者团块状，表面有瘤状的突起。珊瑚杯浅，杯与杯的间隔较大。轴柱呈杆状，生活时颜色呈浅棕色或绿棕色。罩柱群珊瑚是印度－太平洋海区的广布种，被《世界自然保护联盟濒危物种红色名录》评估为无危（LC）。

二级
国家重点保护野生动物等级

木 珊 瑚 科
Dendrophylliidae

分类地位

刺胞动物门珊瑚虫纲石珊瑚目

形态特征

木珊瑚科珊瑚形态差异十分大，但共同的特征是珊瑚壁多孔，而且合隔桁鞘壁厚。

生存现状

木珊瑚科多为非造礁种类，仅陀螺珊瑚属和杜沙珊瑚属于造礁珊瑚。本科珊瑚生于各种珊瑚礁生境，在高纬度水体混浊的珊瑚礁区尤为常见，广泛分布于印度－太平洋海区。

二级

国家重点保护野生动物等级

VU

IUCN 濒危等级

盾形陀螺珊瑚
Turbinaria peltata

　　正如名字"盾形陀螺珊瑚"，其珊瑚骨骼呈盾牌形，表面凹凸不平且边缘呈褶皱状，群体可以层层搭叠。珊瑚杯横截面为圆形，直径为3～5毫米。盾形陀螺珊瑚在毛里求斯、马尔代夫、马纳尔湾、新加坡、印度尼西亚、马来群岛、斐济、汤加群岛、日本海域以及我国的澎湖列岛、涠洲岛和广东沿海均有分布。它们生活时颜色为棕色或者灰褐色，在白天可以看到水螅体触手伸出。盾形陀螺珊瑚常见于各种珊瑚礁生境，主要分布在水深40米以浅的海域，被《世界自然保护联盟濒危物种红色名录》评估为易危（VU）。

皱褶陀螺珊瑚
Turbinaria mesenterina

皱褶陀螺珊瑚属群体型珊瑚。珊瑚骨骼呈叶板状，边缘褶皱。珊瑚杯大多为半球形，杯窝较深，轴柱不突出。生活时皱褶陀螺珊瑚为棕灰色，珊瑚虫常为白色。皱褶陀螺珊瑚在红海、马尔代夫、澳大利亚海域以及我国的广东沿海和北部湾均有分布。皱褶陀螺珊瑚常见于多种珊瑚礁生境，主要分布在水深 40 米以浅的海域，被《世界自然保护联盟濒危物种红色名录》评估为易危（VU）。

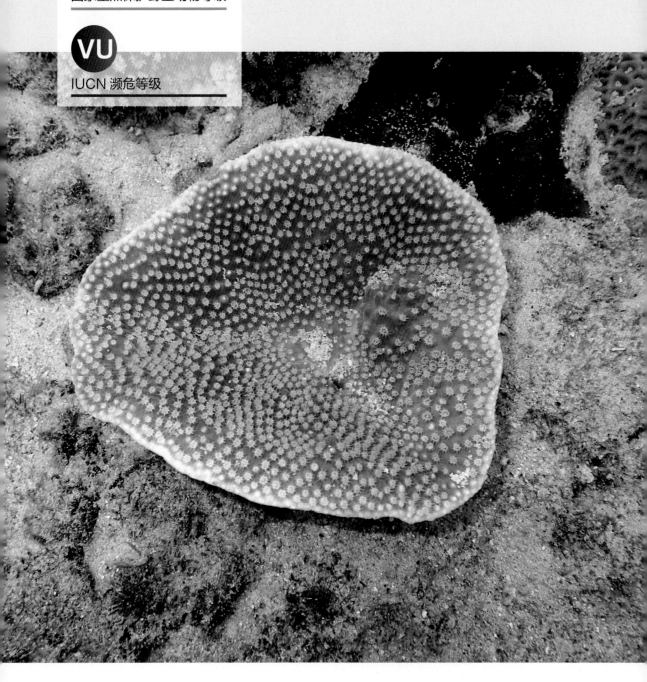

二级
国家重点保护野生动物等级

VU
IUCN 濒危等级

石芝珊瑚科
Fungiidae

分类地位

刺胞动物门珊瑚虫纲石珊瑚目

形态特征

石芝珊瑚科绝大多数是群体型珊瑚，自由生活或附着生存，水螅体通常较大，也有一些营单体生活，直径可达 50 厘米。石芝珊瑚为中型个体，表面像菌伞的褶皱一样。珊瑚骼呈球形，中央窝短而深。它们正面凸出，背面凹陷，除柄痕外，缝隙布满整个背面。隔片齿小而尖。生活时颜色为白色、棕色等，多生活于礁坡和潟湖。

生存现状

石芝珊瑚科常见的属有辐石芝珊瑚属、石芝珊瑚属、多叶珊瑚属、梳石芝珊瑚属等。石芝珊瑚广泛分布于红海、印度－太平洋海区以及我国海南岛、东沙群岛、西沙群岛、南沙群岛和台湾等地。

　　石芝珊瑚科的动物可以无性繁殖，也可以有性繁殖。有趣的是，它们可以合二为一，甚至合三为一，也可以一分为二，一分为三等，展现了石芝珊瑚生物的多样性。石芝珊瑚会利用水螅体数十条触手在海底进行缓慢"走动"，以此寻找更合适的生长环境，因此被称为"会走路的珊瑚"。

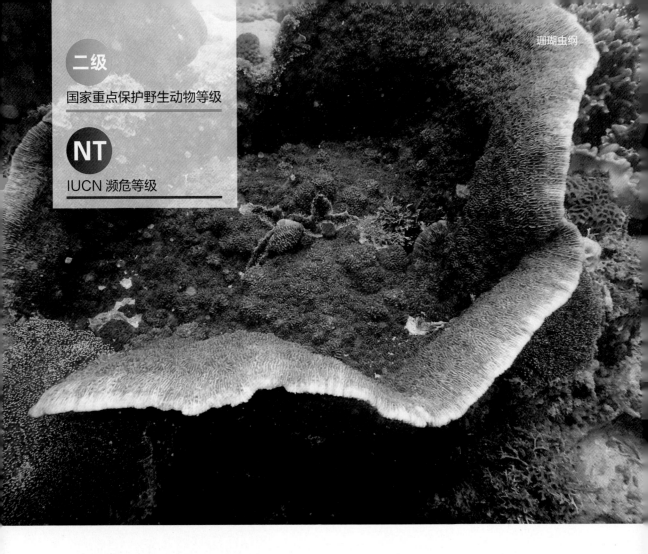

二级
国家重点保护野生动物等级

NT
IUCN 濒危等级

波形石叶珊瑚
Lithophyllon undulatum

波形石叶珊瑚属群体型珊瑚，新生状态时为皮壳状，成体状态时多为叶片状。生活时常为棕绿色或棕色等。广泛分布于印度－太平洋海区，被《世界自然保护联盟濒危物种红色名录》评估为近危（NT）。

二级

国家重点保护野生动物等级

NT

IUCN 濒危等级

石芝珊瑚
Fungia fungites

　　石芝珊瑚杯横截面呈圆形，稍扁平，骨骼中央有窝，短而深。石芝珊瑚正面凸起，背面凹陷，背面的骨骼之间均存在缝隙。隔片数量多而且排列十分紧密。生活时颜色为白色等。石芝珊瑚多生于礁坡或潟湖，是印度－太平洋海区的广布种。被《世界自然保护联盟濒危物种红色名录》评估为近危（NT）。

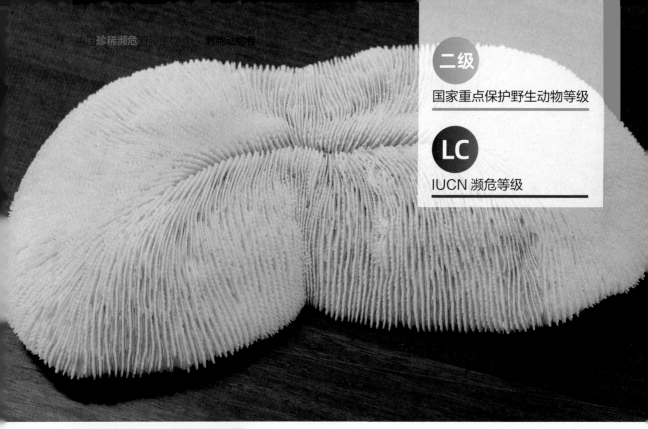

刺梳石芝珊瑚
Ctenactis echinata

刺梳石芝珊瑚骨骼呈长履形，正面凸，背面凹；两端圆润而轻微扁平，中间有腰且有窝。窝很长，一般会连通两端。生活时颜色为棕黄色，夹杂一些绿色。刺梳石芝珊瑚在红海、索马里、新加坡、斐济群岛、菲律宾、帕劳群岛等海域以及我国海南岛、台湾、西沙群岛和南沙群岛沿海均有分布，是印度－太平洋海区的广布种。刺梳石芝珊瑚被《世界自然保护联盟濒危物种红色名录》评估为无危（LC）。

裸肋珊瑚科
Merulinidae

分类地位

刺胞动物门珊瑚虫纲石珊瑚目

形态特征

裸肋珊瑚科均为群体造礁石珊瑚，骨骼结构类似于蜂巢珊瑚。珊瑚形态多变，主要有笙形、融合形、多角形、沟回形，不同的属通常形态不同。裸肋珊瑚属形态为平展板状、薄，常有矮丘状或不规则分枝。

生存现状

裸肋珊瑚科在晚第三纪从蜂巢珊瑚科演化而来，常见的属有刺柄珊瑚属、裸肋珊瑚属、葶叶珊瑚属和拟棍棒珊瑚属。

根据最新的分子系统学研究，蜂巢珊瑚科划分发生了巨大变化，其多数种类都被划分到裸肋珊瑚科。目前，分类学将蜂巢珊瑚科和蜂巢珊瑚属依然保留，但仅限于大西洋类群。将原蜂巢珊瑚属中的印度－太平洋类群划分为盘星珊瑚属。

海之眼

　　裸肋珊瑚属形态比较多，有层状、叶状、块状和柱状，最有特色的是它们能够在一种形态的基础上通过生长变形到另一种形态。裸肋珊瑚属的种类在夜间都会将触手伸展得很长，最长甚至能达到 10 厘米，是具有强攻击性的珊瑚。

粗裸肋珊瑚
Merulina scabricula

　　粗裸肋珊瑚属群体型珊瑚。珊瑚骨骼呈薄板状、皮壳状或者分枝状，表面的分枝短而宽，相邻的分枝容易融合，末端分裂开。生活时颜色为浅棕色或粉红色，常见于潟湖和上礁坡。粗裸肋珊瑚在泰国、新加坡、马来西亚、新几内亚巴布亚、澳大利亚大堡礁、菲律宾、墨吉群岛、斐济群岛以及我国的海南岛沿海均有分布。粗裸肋珊瑚是印度－太平洋海区的广布种，被《世界自然保护联盟濒危物种红色名录》评估为无危（LC）。

二级
国家重点保护野生动物等级

LC
IUCN 濒危等级

硬刺柄珊瑚
Hydnophora rigida

硬刺柄珊瑚属群体型珊瑚。珊瑚骨骼呈分枝状，有的有皮壳状基部，有的没有。分枝形状多变，常为扁平状、扇形等，排列拥挤。生活时颜色为褐色等。多生于潟湖或者礁坡。硬刺柄珊瑚在新加坡、印度尼西亚、菲律宾、斐济群岛、澳大利亚大堡礁海域以及我国的海南岛、台湾、西沙群岛和南沙群岛沿海均有分布。硬刺柄珊瑚是印度－太平洋海区的广布种，被《世界自然保护联盟濒危物种红色名录》评估为无危（LC）。

二级
国家重点保护野生动物等级

LC
IUCN 濒危等级

蜥岛盘星蜂巢
Dipsastraea lizardensis

　　珊瑚群体通常直径可超过 1 米，珊瑚骨骼呈球形，且有规律地间隔，珊瑚壁厚，珊瑚肋发育良好。被《世界自然保护联盟濒危物种红色名录》评估为近危（NT），主要分布在水深 40 米以浅的海域，在印度 - 太平洋海区均有分布。

二级

国家重点保护野生动物等级

NT

IUCN 濒危等级

宝石刺孔珊瑚
Echinopora gemmacea

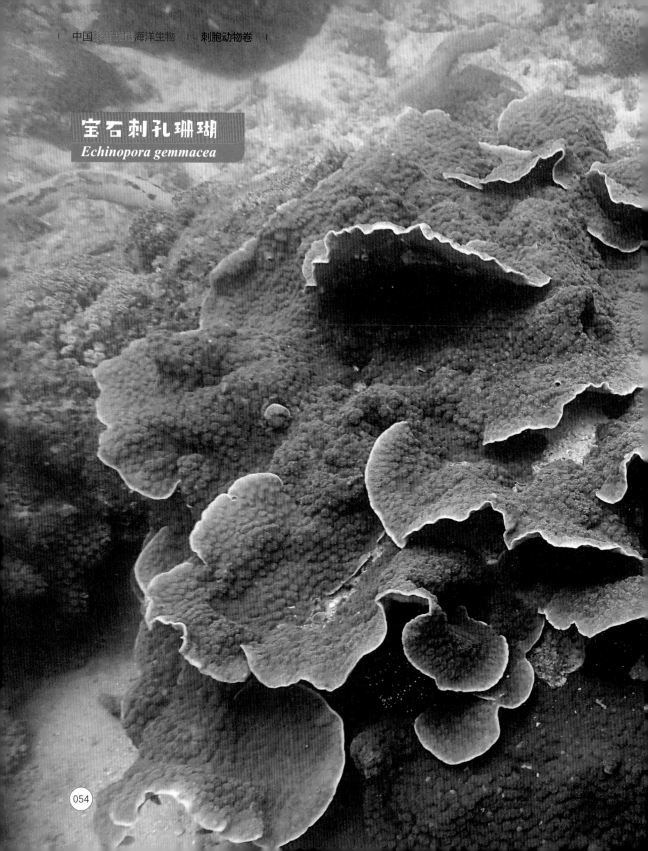

二级

国家重点保护野生动物等级

LC

IUCN 濒危等级

　　宝石刺孔珊瑚属群体型珊瑚。珊瑚骨骼呈薄片状；珊瑚表面十分粗糙，有刺状柱；珊瑚杯在骨骼两面均有分布，较大且突出，呈椭球或者圆锥形，珊瑚杯壁厚。轴柱大，发育十分良好，为海绵状。珊瑚肋上面有刺花。宝石刺孔珊瑚生活时大多数为深棕色。宝石刺孔珊瑚在红海、东非、马达加斯加、澳大利亚大堡礁以及我国的西沙群岛和南沙群岛海域均有分布。宝石刺孔珊瑚多生活于浅水区。宝石刺孔珊瑚广泛分布于印度－太平洋海区，被《世界自然保护联盟濒危物种红色名录》评估为无危（LC）。

锯齿刺星珊瑚
Cyphastrea serailia

　　锯齿刺星珊瑚属群体型珊瑚。珊瑚骨骼形态不统一，由于环境的不同有两种生长型。当处于内湾、风浪不大时，珊瑚骨骼表面光滑，珊瑚杯横截面呈圆形，且杯与杯之间的距离较大；当靠近外海、风浪大时，珊瑚骨骼表面多瘤状突起，珊瑚杯的形状各式各样，直径大小也不统一，横截面呈椭圆形、长方形等，且珊瑚杯排布密集。生活时为褐色。锯齿刺星珊瑚在红海、印度洋、可可群岛、新加坡、菲律宾、澳大利亚大堡礁、日本小笠原群岛等海域以及我国台湾、广东、北部湾、东沙群岛、西沙群岛、南沙群岛等海域均有分布。锯齿刺星珊瑚主要分布在水深 3 ~ 36 米的海域，被《世界自然保护联盟濒危物种红色名录》评估为无危（LC）。

二级
国家重点保护野生动物等级

LC
IUCN 濒危等级

中华扁脑珊瑚
Platygyra sinensis

二级
国家重点保护野生动物等级

LC
IUCN 濒危等级

中华扁脑珊瑚属群体型珊瑚。珊瑚骨骼呈团块状或者半球形。珊瑚杯呈沟回形。珊瑚杯壁薄，隔片薄，数量少，隔片之间的间隔大。轴柱发育不良或者无轴柱。生活时颜色为黄色。中华扁脑珊瑚在红海、东非、马尔代夫、新加坡、菲律宾、斐济海域以及我国的海南岛、广东沿岸、南沙群岛和西沙群岛海域均有分布。中华扁脑珊瑚被《世界自然保护联盟濒危物种红色名录》评估为无危（LC）。

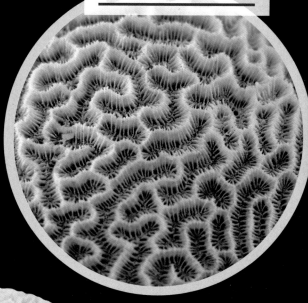

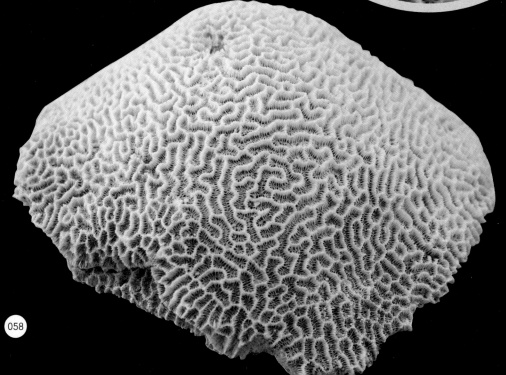

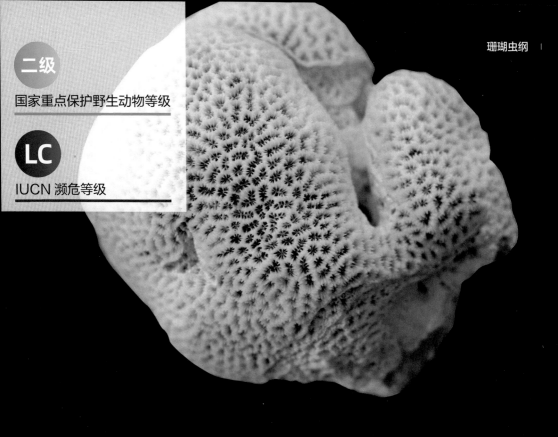

二级

国家重点保护野生动物等级

LC

IUCN 濒危等级

小扁脑珊瑚
Platygyra pini

　　小扁脑珊瑚属群体型珊瑚。珊瑚骨骼呈团块状或者球形。珊瑚杯壁厚，隔片厚且边缘有细齿。轴柱发育良好。生活时颜色多变，常为灰棕色。小扁脑珊瑚在印度－太平洋海区不常见。小扁脑珊瑚被《世界自然保护联盟濒危物种红色名录》评估为无危（LC）。

叶状珊瑚科
Lobophylliidae

分类地位

刺胞动物门珊瑚虫纲石珊瑚目

形态特征

叶状珊瑚科的主要特征是有大而坚固的隔片，隔片上有明显的裂齿，珊瑚壁完好且厚，轴柱发育良好。

生存现状

叶状珊瑚科是新成立的分类单元，主要由传统褶叶珊瑚科和梳状珊瑚科组成。

叶状珊瑚科常见的有棘星珊瑚属、叶状珊瑚属。

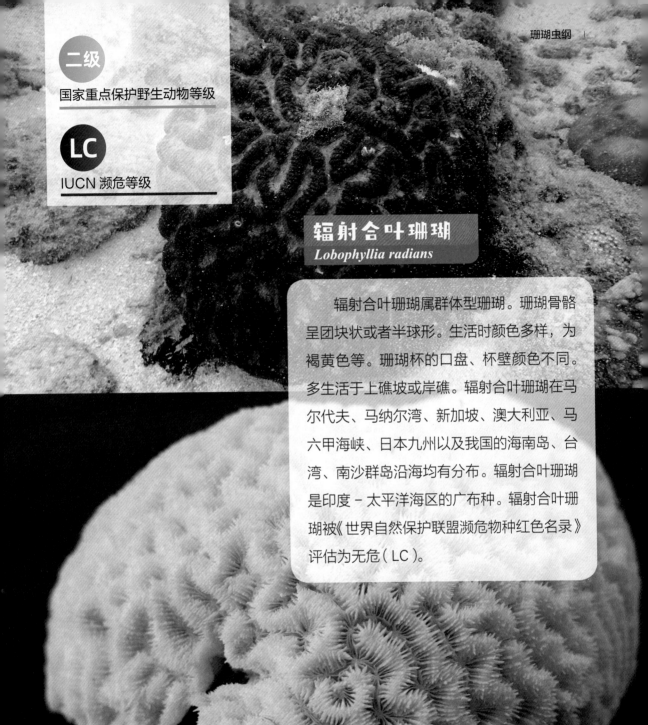

二级

国家重点保护野生动物等级

LC

IUCN 濒危等级

辐射合叶珊瑚
Lobophyllia radians

　　辐射合叶珊瑚属群体型珊瑚。珊瑚骨骼呈团块状或者半球形。生活时颜色多样，为褐黄色等。珊瑚杯的口盘、杯壁颜色不同。多生活于上礁坡或岸礁。辐射合叶珊瑚在马尔代夫、马纳尔湾、新加坡、澳大利亚、马六甲海峡、日本九州以及我国的海南岛、台湾、南沙群岛沿海均有分布。辐射合叶珊瑚是印度 - 太平洋海区的广布种。辐射合叶珊瑚被《世界自然保护联盟濒危物种红色名录》评估为无危（LC）。

赫氏叶状珊瑚
Lobophyillia hemprichii

　　赫氏叶状珊瑚属群体型珊瑚。珊瑚骨骼呈团块状或者半球形，群体直径可达数米。珊瑚杯呈笙形，隔片的排列方式为大小交替排列。位于珊瑚杯壁上的珊瑚肋多且排列密集。生活时颜色多样，珊瑚杯的口盘、杯壁颜色都不同。多生活于上礁坡和潟湖。在红海以及我国的海南岛、西沙群岛、南沙群岛海域均有分布。赫氏叶状珊瑚是印度－太平洋海区的广布种。赫氏叶状珊瑚分布水深为 6 ～ 30 米。赫氏叶状珊瑚被《世界自然保护联盟濒危物种红色名录》评估为无危（LC）。

二级

国家重点保护野生动物等级

LC

IUCN 濒危等级

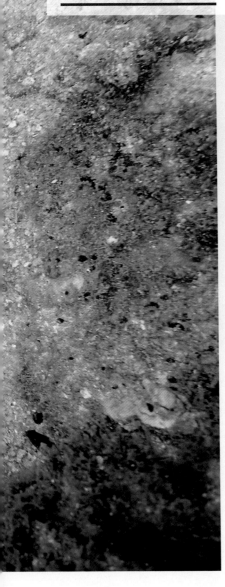

二级

国家重点保护野生动物等级

LC

IUCN 濒危等级

多刺尖孔珊瑚
Oxypora echinata

多刺孔尖珊瑚属群体型珊瑚，珊瑚骨骼常为薄板状，珊瑚杯呈椭圆形。生活时常为棕色。多生于下礁坡。广泛分布于印度－太平洋海区。多刺孔尖珊瑚被《世界自然保护联盟濒危物种红色名录》评估为无危（LC）。

真叶珊瑚科
Euphylliidae

分类地位

刺胞动物门珊瑚虫纲石珊瑚目

形态特征

真叶珊瑚科珊瑚为群体型珊瑚，其珊瑚形态多变。

生存现状

依据最新的分子系统发育分析，盔形珊瑚属和顶枝珊瑚属原本属于琵琶珊瑚科，现将顶枝珊瑚属合并于盔形珊瑚属，归于真叶珊瑚科。真叶珊瑚科现有 3 个属，分别是盔形珊瑚属、真叶珊瑚属、纹叶珊瑚属。

二级
国家重点保护野生动物等级

NT
IUCN 濒危等级

丛生盔形珊瑚
Galaxea fascicularis

　　丛生盔形珊瑚属群体型珊瑚。珊瑚骨骼生长型因环境不同而多变，常为团块状、圆顶状。群体直径可达 5 米。珊瑚杯多而且排列密集，大小不一，形状也多变，横截面常为圆形、长方形等。生活时颜色为棕色等。丛生盔形珊瑚在我国的台湾、广东、广西沿岸、海南岛、东沙群岛、西沙群岛、南沙群岛沿海均有分布。丛生盔形珊瑚生于各种珊瑚礁生境，是印度－太平洋海区的广布种，分布在水深 3 ～ 25 米的海域。丛生盔形珊瑚被《世界自然保护联盟濒危物种红色名录》评估为近危（NT）。

稀杯盔形珊瑚
Galaxea astreata

　　珊瑚骨骼呈平展块状。珊瑚杯横截面呈圆形或者卵圆形，排列稀疏。珊瑚杯壁光滑。生活时颜色为绿色。稀杯盔形珊瑚在红海，马尔代夫、斐济群岛、澳大利亚大堡礁、印度尼西亚以及我国的海南岛、涠洲岛和香港海域均有分布。稀杯盔形珊瑚被《世界自然保护联盟濒危物种红色名录》评估为易危（VU）。

肾形纹叶珊瑚
Fimbriaphyllia ancora

　　肾形纹叶珊瑚属群体型珊瑚，触手分叉成肾形，环境变化会影响隔片的排列。肉质的水螅体较大，触手排列密集，在白天会伸出。生活时颜色为灰蓝色或棕色等。肾形纹叶珊瑚生于各种珊瑚礁生境，被《世界自然保护联盟濒危物种红色名录》评估为易危（VU）。

二级

国家重点保护野生动物等级

VU

IUCN 濒危等级

二级

国家重点保护野生动物等级

杯形珊瑚科

Pocilloporidae

分类地位

刺胞动物门珊瑚虫纲石珊瑚目

形态特征

杯型珊瑚科为群体生长，生长形主要为分枝状，骨骼上有小刺。鹿角杯形珊瑚群体由树枝状分枝和小枝组成，珊瑚形态多变，群体为淡黄色、玫瑰红色、粉红色，主要分布在礁坪。该种是造礁石珊瑚生物学和生态学研究较多的种，也是珊瑚礁生态演替过程中的先锋种。

生存现状

杯型珊瑚科是印度－太平洋海区常见的重要造礁珊瑚类群，主要由3个属组成：杯形珊瑚属、排孔珊瑚属和柱状珊瑚属。

杯形珊瑚科的珊瑚在生态演替中扮演了十分重要的角色。当珊瑚礁生境受到极大干扰时，此类珊瑚对干扰的反应最小。

鹿角杯形珊瑚
Pocillopora damicornis

鹿角杯形珊瑚属群体型珊瑚。珊瑚骨骼呈分枝状，群体形态因环境不同而不同：当栖息地风浪强劲时，分枝粗壮且排列紧密；当栖息地风浪平缓，分枝细长且排列稀疏。珊瑚杯内部多缺乏骨骼结构，隔片发育不良。生活时颜色为粉红色或浅棕色等。鹿角杯形珊瑚是印度－太平洋海区的广布种，通常为生态演替中的先锋种。鹿角杯形珊瑚分布在水深26米以浅的海域。鹿角杯形珊瑚被《世界自然保护联盟濒危物种红色名录》评估为无危（LC）。

二级

国家重点保护野生动物等级

LC

IUCN 濒危等级

疣状杯形珊瑚
Pocillopora verrucosa

　　疣状杯形珊瑚属群体型珊瑚。珊瑚骨骼呈灌木丛状，多由直立且形态大小一致的分枝组成。分枝末端多突起，因此群体表面粗糙。位于分枝基部的珊瑚杯横截面呈圆形，位于分枝末端的呈多角状。生活时颜色为棕绿色或粉红色等。疣状杯形珊瑚常见于浅水区，是印度－太平洋海区的广布种。疣状杯形珊瑚被《世界自然保护联盟濒危物种红色名录》评估为无危（LC）。

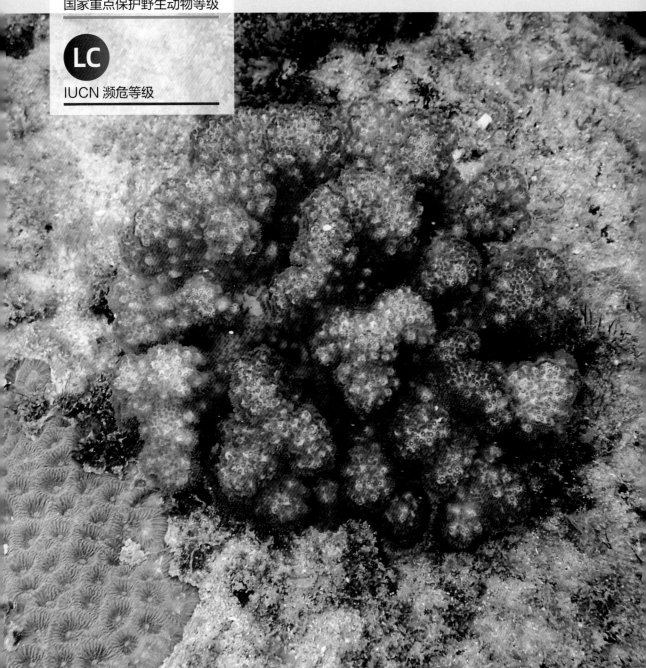

埃氏杯形珊瑚
Pocillopora eydouxi

埃氏杯形珊瑚属群体型珊瑚。珊瑚骨骼呈分枝状，分枝粗壮。位于分枝基部的珊瑚杯壁多有小刺，位于分枝末端的珊瑚杯横截面呈圆形。生活时颜色为棕绿色。埃氏杯形珊瑚生活于多种珊瑚礁生境，栖息水深大于10米，喜好风浪强劲的环境。埃氏杯形珊瑚是印度－太平洋海区的广布种。埃氏杯形珊瑚被《世界自然保护联盟濒危物种红色名录》评估为近危（NT）。

滨珊瑚科
Poritidae

分类地位

刺胞动物门珊瑚虫纲石珊瑚目

形态特征

滨珊瑚科的珊瑚均为群体型珊瑚，外形比较结实，珊瑚骨骼为团块状、皮壳状、板状或者分枝状。角孔珊瑚的珊瑚杯相对较大。角孔珊瑚属通常是柱棒状、块状、皮壳状，珊瑚体厚而多孔，肉质的水螅体白天伸出，有 24 个触手，因此很容易辨认。

生存现状

滨珊瑚科主要包括滨珊瑚属和角孔珊瑚属。滨珊瑚科的珊瑚生于各种珊瑚礁生境，对环境变化有很强的适应性，因此在混浊的水体或受干扰较大的环境中也能生存。如果在一个珊瑚礁生态系统中看到滨珊瑚占主导地位，那么意味着这个生态系统承受了很大的环境压力。

二级

国家重点保护野生动物等级

NT

IUCN 濒危等级

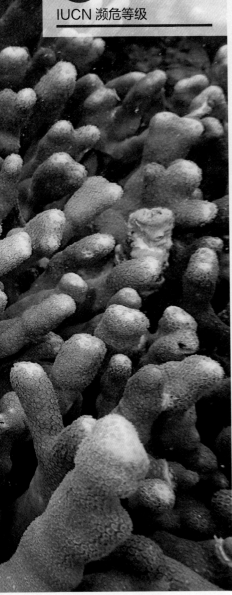

细柱滨珊瑚
Porites cylindrica

　　细柱滨珊瑚属群体型珊瑚。珊瑚骨骼呈光滑的分枝状，分枝末端圆钝。群体直径可达 10 米。珊瑚杯横截面为多边形或者圆形，珊瑚杯浅。生活时颜色多样，常为黄色或绿色等。细柱滨珊瑚常见于各种珊瑚礁生境，是印度 - 太平洋海区的广布种。细柱滨珊瑚被《世界自然保护联盟濒危物种红色名录》评估为近危（NT）。

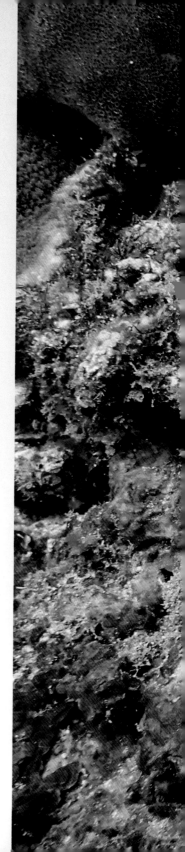

柱形角孔珊瑚
Goniopora columna

　　柱形角孔珊瑚属群体型珊瑚。珊瑚骨骼呈短柱状，珊瑚杯横截面为多角形或者圆形，直径为 3 ~ 5 毫米，壁多孔疏松。水螅体大而且长，多为白色。生活时颜色为棕黄色。柱形角孔珊瑚常见于一些混浊的海域，分布水深为 2 ~ 18 米。柱形角孔珊瑚是印度 – 太平洋海区的广布种。柱形角孔珊瑚被《世界自然保护联盟濒危物种红色名录》评估为近危（NT）。

二级

国家重点保护野生动物等级

NT

IUCN 濒危等级

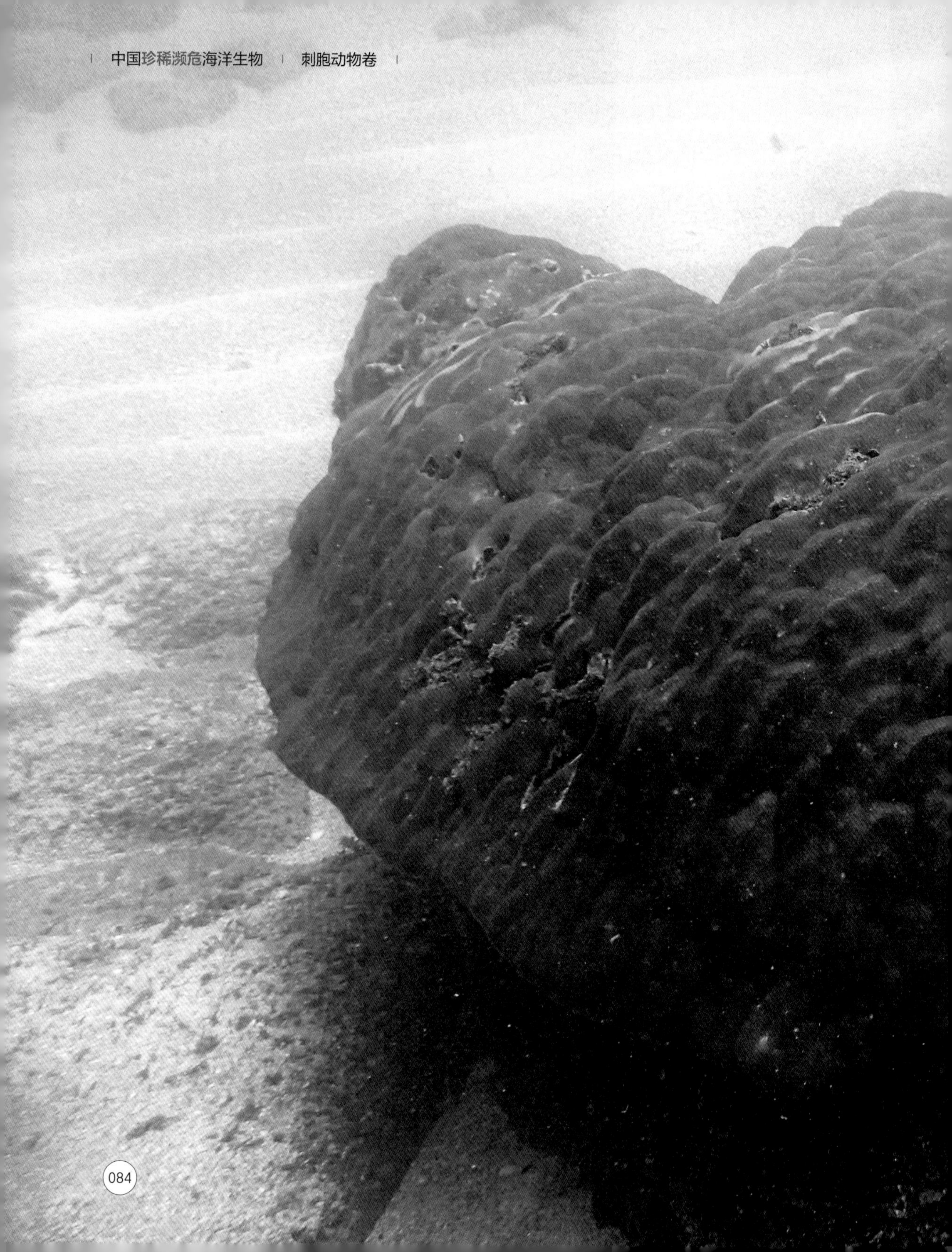

二级

国家重点保护野生动物等级

LC

IUCN 濒危等级

澄黄滨珊瑚
Porites lutea

　　澄黄滨珊瑚属群体型珊瑚。珊瑚骨骼呈团块状、半球形等，表面不平滑，多有突起，群体直径可达数米。珊瑚杯横截面为多边形且浅，壁薄。轴柱呈扁平柱状，有些内部缺轴柱。生活时颜色为棕黄色，明亮。澄黄滨珊瑚在红海、马尔代夫、澳大利亚、新加坡、菲律宾、日本海域以及我国的海南岛、西沙群岛、南沙群岛、广东沿岸、北部湾沿海均有分布。澄黄滨珊瑚常见于各种珊瑚礁生境，是印度－太平洋海区的广布种。澄黄滨珊瑚被《世界自然保护联盟濒危物种红色名录》评估为无危（LC）。

沙珊瑚科

Psammocoridae

分类地位

刺胞动物门珊瑚虫纲石珊瑚目

形态特征

沙珊瑚科珊瑚为群体型珊瑚，生长型多为团块状、柱状、皮壳状等。珊瑚杯小且浅。

生存现状

沙珊瑚属原属于铁星珊瑚科，随着研究深入发现，沙珊瑚科属与其他属的骨骼结构以及遗传分式存在明显差异，因此将沙珊瑚属划分到沙珊瑚科。

毗邻沙珊瑚
Psammocora contigua

　　毗邻沙珊瑚属群体型珊瑚。珊瑚骨骼形态多样，多为不规则状或扁平丛状等。毗邻沙珊瑚常有皮壳状基部，分枝形态随环境变化而多变。毗邻沙珊瑚两面均有珊瑚杯。珊瑚杯浅而细，表面光滑，排列均匀，有一些内部没有轴柱。生活时颜色为黄绿色或灰色等。毗邻沙珊瑚在我国的海南岛、西沙群岛、南沙群岛、东沙群岛、广东沿岸均有分布。毗邻沙珊瑚常见于浅水区，是印度－太平洋海区的广布种。毗邻沙珊瑚被《世界自然保护联盟濒危物种红色名录》评估为近危（NT）。

扇形珊瑚科
Flabellidae

分类地位

刺胞动物门珊瑚虫纲石珊瑚目

形态特征

珊瑚外壁发育良好、表面光滑而且有光泽；隔片完整且呈多组排列，轴柱发育不良或者无轴柱。扇形珊瑚科的珊瑚都是单体型，不参与造礁，大部分物种生长在沙泥底质海域，属于非附着型珊瑚。

生存现状

扇形珊瑚科珊瑚的进化历史久远，相关记录可以追溯到 6000 多万年前。现如今也常见于各大海洋，在 3200 米以浅均有分布，属于深海石珊瑚。据统计，本科约有 260 种，其中现存种约 100 种，其余均为化石种。

二级

国家重点保护野生动物等级

IUCN 濒危等级

大扇形珊瑚
Flabellum magnificum

　　大扇形珊瑚属单体型珊瑚。珊瑚骨骼呈扇贝状，为灰白色，有褐色斑纹。珊瑚骨骼两侧的夹角在140°～172°。隔片呈波纹状，有7组。珊瑚肋隆起，一直延伸到底部。主要分布于印度－西太平洋海区。大扇形珊瑚常见于沙质底质海域。大扇形珊瑚分布水深为255～700米。

菌杯珊瑚科

Fungiacyathidae

分类地位

刺胞动物门珊瑚虫纲石珊瑚目

形态特征

菌杯珊瑚科珊瑚为单体型种类。珊瑚骨骼十分脆弱，呈扁平的圆盘状，边缘锯齿状。隔片有 48 或者 96 枚，表面有翼状骨片。珊瑚肋细而小，轻微突起。轴柱呈海绵状。

生存现状

菌杯珊瑚科珊瑚是分布最深、分布最广的珊瑚，研究者曾在深达 6000 米的海域发现了其生存痕迹。

二级

国家重点保护野生动物等级

DD

IUCN 濒危等级

王冠菌杯珊瑚
Fungiacyathus stephanus

　　王冠菌杯珊瑚属单体型珊瑚。珊瑚骨骼呈圆盘状，骨骼为淡黄色或者白色，十分脆弱。隔片为96 枚。轴柱凹陷，与隔片的末端相连。珊瑚肋形态、大小一致。王冠菌杯珊瑚常见于沙质底质海域。王冠菌杯珊瑚分布水深在 245 ~ 1977 米。

小圆珊瑚科
Micrabaciidae

分类地位

刺胞动物门珊瑚虫纲石珊瑚目

形态特征

小圆珊瑚科珊瑚骨骼的形态和菌杯珊瑚相似，呈扁平的圆盘状。珊瑚骨骼十分脆弱，边缘锯齿状。隔片为48～144枚。轴柱呈海绵状。

生存现状

小圆珊瑚科是石珊瑚目最原始的科，包括锦沙珊瑚属和冠叶珊瑚属，都是生活在沙泥底质中，是非造礁珊瑚。

二级

国家重点保护野生动物等级

DD

IUCN 濒危等级

美丽锦沙珊瑚
Letepsammia formosissima

美丽锦沙珊瑚属单体型珊瑚。珊瑚骨骼呈扁平的圆盘状，为白色，十分脆弱，底部扁平或者稍微突出。轴柱呈海绵状，珊瑚肋细而长。美丽锦沙珊瑚在印度、西太平洋、南海、夏威夷海域均有分布。美丽锦沙珊瑚常见于沙泥底质。美丽锦沙珊瑚分布水深为 97 ~ 457 米。

陀螺珊瑚科
Turbinoliidae

分类地位

刺胞动物门珊瑚虫纲石珊瑚目

形态特征

陀螺珊瑚科珊瑚为单体型种类，不参与造礁，体形较小。珊瑚骨骼形态多样，常为圆锥形，表面平滑或有颗粒状突起等。珊瑚肋独立或呈三分叉。隔片突出。轴柱形态也多样，片状、针柱状或无轴柱。

生存现状

陀螺珊瑚科珊瑚多为化石种，不与虫黄藻共生，常见于岩礁附近的沙质基底。

二级

国家重点保护野生动物等级

DD

IUCN 濒危等级

帽状杯轮珊瑚
Cyathotrochus pileus

帽状杯轮珊瑚属单体型珊瑚。珊瑚骨骼呈圆锥形，为淡褐色。隔片有 4～5 组，共 48～96 枚，呈六放排列。轴柱为针状突起，直线排列。珊瑚肋粗壮，有齿状突起。帽状杯轮珊瑚分布水深为 123～522 米。

花叶珊瑚科

Anthemiphylliidae

分类地位

刺胞动物门珊瑚虫纲石珊瑚目

形态特征

珊瑚骨骼扁平圆盘状或者碗状。隔片有 4 ~ 5 组，共 48 ~ 96 枚，呈六放排列。隔片粗而厚，表面有颗粒状小突起。轴柱为片状或者无轴柱。珊瑚肋发育良好。

生存现状

花叶珊瑚科珊瑚为非造礁珊瑚，仅有一属，即花叶珊瑚属，分布水深为 50 ~ 1000 米。花叶珊瑚属均为小型珊瑚，成体为单体型游离珊瑚，幼体为附着型。

二级

国家重点保护野生动物等级

DD

IUCN 濒危等级

齿花叶珊瑚
Anthemiphyllia dentata

　　齿花叶珊瑚骨骼呈扁平碗状，成体珊瑚隔片有5组，共60～72枚。隔片通常不完整。轴柱棘状。珊瑚肋细而长，表面有颗粒状突起，末端与珊瑚体中心相连接。

根珊瑚科

Rhizangiidae

分类地位

刺胞动物门珊瑚虫纲石珊瑚目

形态特征

根珊瑚科珊瑚为非造礁石珊瑚，固着生长，喜好群居，但很少形成大型群体，因此对珊瑚礁体结构贡献不大。

生存现状

根珊瑚科珊瑚首次记录于白垩纪晚期，生活范围广，在各大海域均有发现，主要分布在 200 米以浅的硬基质海底。

苍珊瑚目

苍珊瑚科
Helioporidae

分类地位

刺胞动物门珊瑚虫纲苍珊瑚目

形态特征

苍珊瑚科珊瑚营群体生活，个体直径1毫米，每个个体有8条羽状触手。珊瑚骨骼为独特的蓝色，在化石岩层中很容易被分辨出来。

生存现状

苍珊瑚科仅有一属一种，是八放珊瑚亚纲中唯一会长出大型骨骼的珊瑚。苍珊瑚与石珊瑚目珊瑚相似，由碳酸钙和金属盐类构成骨骼。在印度洋和太平洋的浅水珊瑚礁区均有分布。由于浅水区的苍珊瑚特别容易采集，因此它们常常出现在水族馆和贸易市场。人类的开采正在威胁苍珊瑚的生存。

 海之眼

　　苍珊瑚的骨骼由碳酸钙和金属盐类构成，这使其呈现奇特的蓝色。英文名为"blue coral"，俗称蓝珊瑚。

二级

国家重点保护野生动物等级

VU

IUCN 濒危等级

苍珊瑚
Heliopora coerulea

苍珊瑚属群体型珊瑚，珊瑚骨骼呈块状或宽板状，分枝呈扁平状，骨骼表面布满小孔，生活时颜色为蓝色。群体直径可达1米，在珊瑚礁栖息地中是重要的造礁生物。苍珊瑚在我国的西沙群岛和南沙群岛均有分布。被《世界自然保护联盟濒危物种红色名录》评估为易危（VU）

软珊瑚目

笙珊瑚科

Tubiporidae

分类地位

刺胞动物门珊瑚虫纲软珊瑚目

形态特征

笙珊瑚科珊瑚属于软珊瑚，但有坚硬的碳酸钙骨骼。日间会伸长触手，在受到骚扰时触手会收缩。整体外观呈块状、板状，分枝竖立或扁平。珊瑚骨骼呈柱状。

生存现状

笙珊瑚科珊瑚生于浅水珊瑚礁盘中，多固着于水流急、光照强的岩石上，数量大，是重要的造礁珊瑚。它们通常以水螅体进行无性出芽生殖，也可以进行有性生殖。它们为印度－太平洋海区的广布种；在我国台湾、海南岛、西沙群岛、南沙群岛、中沙群岛和东沙群岛均有分布。

海之眼

因其骨骼由均匀分布的红色细管组成，排列成束状，宛如乐器笙一样，故称笙珊瑚，又名"音乐珊瑚"。

二级

国家重点保护野生动物等级

NT

IUCN 濒危等级

笙珊瑚
Tubipora musica

　　笙珊瑚属群体型珊瑚。珊瑚骨骼呈管状，排列均匀且紧密。每一个管状骨骼都居住着一个水螅体，水螅体的触手有 8 条。群体直径可达 30 厘米。骨骼颜色为鲜亮的红色。笙珊瑚常生长在浅水区，是重要的造礁生物。笙珊瑚在我国的海南岛、台湾、西沙群岛、南沙群岛、中沙群岛、东沙群岛海域均有分布。笙珊瑚是印度－太平洋海区的广布种。被《世界自然保护联盟濒危物种红色名录》评估为近危（NT）。

红珊瑚科

Coralliidae

分类地位

刺胞动物门珊瑚虫纲软珊瑚目

形态特征

红珊瑚科珊瑚营群体生活。个体直径一般为 0.5 ～ 20 毫米，每个个体具 8 条羽状触手。骨骼多在体内，或由体内发生后伸向体表。红珊瑚具有钙质中轴骨，骨骼呈淡粉红色至深红色。由于生长缓慢，它们的骨骼材质十分坚硬。

生存现状

红珊瑚科属于软珊瑚目硬轴珊瑚亚目，目前有 3 个属，红珊瑚属、侧红珊瑚属、半红珊瑚属。由于大量开采外加生境遭到破坏，红珊瑚数量急剧减少，已被列为国家一级重点保护野生动物。红珊瑚主要分布在我国台湾、日本南部、夏威夷群岛、中途岛和地中海亚平宁半岛海域。

红珊瑚又称"贵珊瑚"，与珍珠、琥珀并列为三大有机宝石，其骨骼质地坚硬、色泽鲜艳，常作为雕刻材料。红珊瑚在悠悠华夏文明中一直被视为富贵祥瑞之物，清朝二品官上朝穿戴的帽顶及朝珠是由红珊瑚制成，西藏的高僧大多也有红珊瑚制成的念珠。三国时期曹植（192—232）有诗云"明珠交玉体，珊瑚间木难"。可见当时人们已把珊瑚视为与珠玉一样的珍宝。红珊瑚也可入药，有定惊明目之功效。红珊瑚喜爱生长在基质硬、水流急、水质环境好、光照低等的环境中。

二级
国家重点保护野生动物等级

竹节柳珊瑚科
Isididae

分类地位

刺胞动物门珊瑚虫纲软珊瑚目

形态特征

粗枝竹节柳珊瑚是本科的一种，其群体呈树状分枝，趋向于形成一个扇面，末端珊瑚枝粗短密集。

生存现状

竹节柳珊瑚科珊瑚在澳大利亚、新赫布里底群岛、印度尼西亚、菲律宾、琉球群岛和我国台湾均有分布。

 海之眼

　　由于近年来对宝石级红珊瑚的需求增大，市场上出现了很多品类的仿制品，其中包括粗枝竹节柳珊瑚。1969年，人们从柳珊瑚中发现了丰富的具有独特结构和强烈生理活性的前列腺素前体，吸引了众多天然产物化学家把研究对象从陆地生物转向海洋生物。海洋天然产物可应用于神经系统、心血管系统、免疫系统等疾病的防治，许多有显著的抗肿瘤活性。在众多的海洋天然产物中来自海洋生物的甾醇显示了多种活性，柳珊瑚是海洋甾醇的主要来源之一。

二级

国家重点保护野生动物等级

DD

IUCN 濒危等级

粗枝竹节柳珊瑚
Isis hippuris

　　粗枝竹节柳珊瑚属群体型珊瑚，中轴分节，中轴节间中没有骨针分布，群体的分枝从中轴节间长出，末端珊瑚枝粗短且分布密集。是竹节柳珊瑚属的模式种。由于外观和形态容易与红珊瑚混淆，因此市面上会出现以粗枝竹节柳珊瑚染色的仿制品。

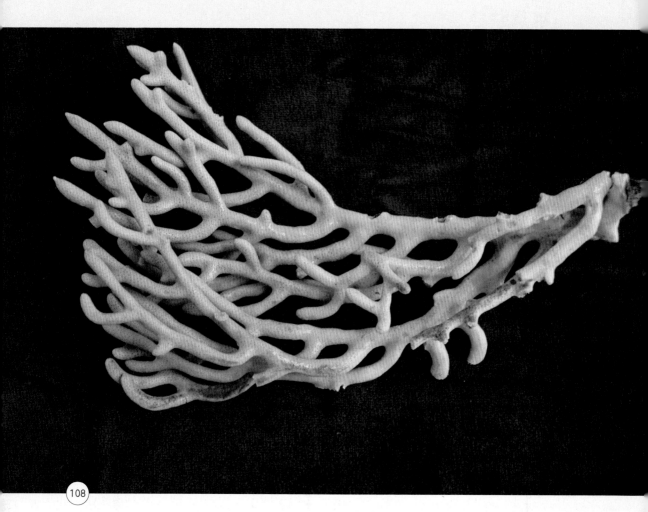

水螅虫纲

绝大多数的水螅虫纲动物生活在海水，少数生活在淡水。与珊瑚虫纲不同的是，水螅虫纲有水螅型和水母型，有世代交替现象。水螅虫纲的水螅体形态呈圆柱状，当遇到环境变化或受到刺激时会收缩。在口的周围有很多呈辐射排列的触手。触手细而长，是主要的捕食器官。当水螅处于饥饿状态时，触手会伸得很长去捕获水体中的食物。它们喜爱吃各种小甲壳动物、小昆虫幼虫等。当捕获到食物后，触手会将食物送入口中。食物残渣由口排出。

水螅的生殖有无性和有性两种。水螅虫纲大多数种类是雌雄异体。有趣的是即使把水螅分割成几部分，每一部分也能长成一个完整的小水螅，但如果只有单独的触手则不能再生成为完整个体。

多孔蟋目

多孔螅科

Milleporidae

分类地位

刺胞动物门水螅虫纲多孔螅目

形态特征

多孔螅的石灰质骨骼为向上生长的不规则的叶状或分枝状，高可达 60 厘米。生活的多孔螅的骨骼为共肉所覆盖，共肉由外胚层、内胚层及中胶构成，呈肉质状。多孔螅体色鲜艳，有绿色、黄色、白色、褐色等。体表具有大小两种分布不规则的孔，因此而得名。较小的孔称为指状孔，较大的孔称为营养孔。

生存现状

多孔螅是一个很小的类群，为热带和亚热带海洋所特有。多孔螅具有坚硬的石灰质骨骼，其常常是构成珊瑚礁的重要成分，为造礁生物之一。本科仅 1 属，我国已有记录。全世界已发现生活的多孔螅有 18 种，分布于大西洋海域。我国已记录 6 种多孔螅，标本采自台湾、海南及西沙群岛等地。多孔螅是一类古老的动物，化石种类的多孔螅发现于三迭纪以前。

扁叶多孔螅
Millepora platyphylla

　　扁叶多孔螅属群体型，直径可达 3 米，高度可达 2 米，在生活时颜色为浅棕色，边缘呈白色。扁叶多孔螅分布于水深 3 ~ 6 米的海域，在日本、红海、印度 – 太平洋海区均有分布。被《世界自然保护联盟濒危物种红色名录》评估为无危（LC）。

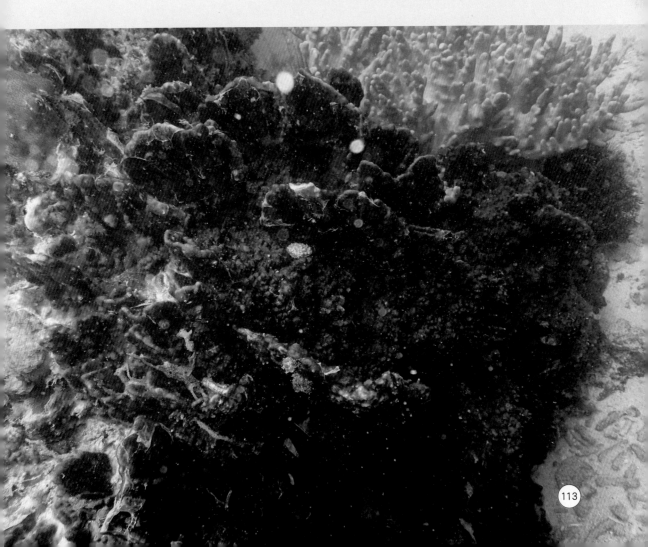

柱星螅目

柱星螅科
Stylasteridae

分类地位

刺胞动物门水螅虫纲柱星螅目

形态特征

柱星螅科的成员多为雌雄异体，群体直立，呈分枝状，生长型为扇形。

生存现状

柱星螅科中优质的冷水属有双孔螅属和柱星螅属，双孔螅属在菲律宾、印度洋、南太平洋以及我国的台湾、南沙群岛海域均有分布。柱星螅属现生种约 77 种，我国已有 5 种记录在内。